奇妙的时间线
回到恐龙时代

[英]理查德·弗格森 设计

[英]伊莎贝尔·托马斯 著

[英]奥黛·梵琳 绘

廖俊棋 译

天津出版传媒集团

天津人民出版社

目录

前　言

欢迎!在本书中你将见到20只神奇的恐龙,包括始祖鸟和霸王龙。
你还能了解到它们都来自哪个时代,以及它们为什么如此特别,
并且每只恐龙都有一个记录它们基本信息的"档案卡"。

本书最后附有一张词汇表,对书中出现的专有名词进行了解释。

翻开本书封底内衬的口袋页,你会找到恐龙时间线的组件及组装说明。
口袋页的前面就是所有将陪你完成时空之旅的恐龙。

三叠纪

如果能回到2亿3000万年前，你可能会遇到地球上第一只恐龙。

恐龙出现在三叠纪，当时地球的气候比现在更加炎热、干燥。地球上所有的陆地都集中在一起，形成一个巨大的大陆——盘古大陆，它的四周被海洋环绕着。

如今，我们已经习惯了这个哺乳动物站在食物链顶端的世界，但在三叠纪，主龙类（统治地球的爬行动物）才是真正的霸主。例如，当时最早的鳄鱼已经出现，还有一些小型的爬行动物，它们用两条腿奔跑，而不是四肢趴在地上行走，它们大概非常适应三叠纪那炎热又干燥的气候。

"恐龙"这个名称代表恐怖而巨大的爬行动物，但最初的恐龙和它们的主龙类祖先一样，都是小型且用两条腿奔跑的。不过，恐龙和这些祖先们有着完全不同的骨盆（腰带）结构。这个差别

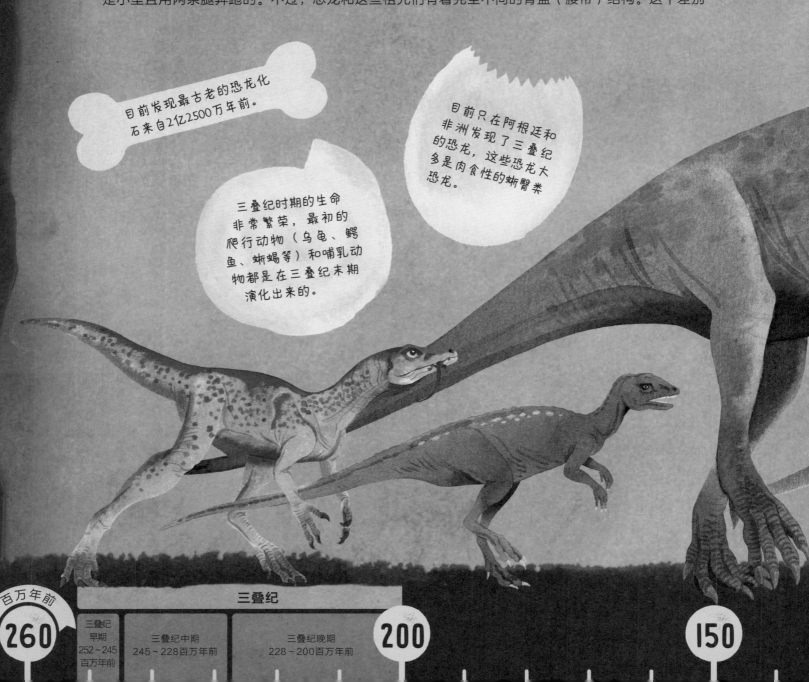

目前发现最古老的恐龙化石来自2亿2500万年前。

三叠纪时期的生命非常繁荣，最初的爬行动物（乌龟、鳄鱼、蜥蜴等）和哺乳动物都是在三叠纪末期演化出来的。

目前只在阿根廷和非洲发现了三叠纪的恐龙，这些恐龙大多是肉食性的蜥臀类恐龙。

百万年前

三叠纪

260

三叠纪早期
252～245
百万年前

三叠纪中期
245～228百万年前

三叠纪晚期
228～200百万年前

200

150

造就了恐龙的崛起，并使它们在接下来的1亿3000万年里统治着地球。科学家们根据骨盆的形态，将恐龙分成两个主要的大类——鸟臀类（腰部类似鸟类的恐龙）和蜥臀类（腰部类似蜥蜴的恐龙）。鸟臀类恐龙在三叠纪晚期仍非常罕见，只有非常稀少的化石被发现，但就在几百万年后，它们演化出许多种类，例如剑龙这种四足的巨型植食性恐龙，以及广泛分布于世界各地的鸭嘴龙。蜥臀类恐龙则包括最有名的霸王龙，但最早的蜥臀类恐龙其实非常瘦小。直到三叠纪末期，恐龙都还没有居于统治者的地位，但改变即将发生。在大约2亿年前，地球上发生了一次生物大灭绝，有一半以上的生物消失了。这次灭绝可能是因为小行星撞击或是火山爆发带来了气候的剧烈变动，但真正的原因科学家还不清楚。许多大型的似哺乳爬行动物*消失了，但恐龙幸存了下来，并且一时之间少了许多和它们抢食的动物，恐龙时代就此揭开序幕。

*译者注：哺乳动物的祖先类群，身体构造还非常原始，类似爬行动物。

侏罗纪

侏罗纪早期，巨大的盘古大陆开始分裂成南北两块大陆。这两块大陆之间的峡谷涌入大量的海水，整个世界变得温暖而潮湿。

在三叠纪末期的大灭绝中，哺乳动物中只有小型的幸存了下来。此后，恐龙、鳄鱼和翼龙（一类会飞的爬行动物）接管了地球。

在侏罗纪早期，鸟臀类恐龙开始扩散到世界各地，同时出现了大量不同的鸟臀类恐龙，它们和那些两条腿走路的祖先长得很不一样，其中就包括身上带有尖角或棘刺等武装、用四条腿走路的装甲类恐龙。

这些鸟臀类恐龙逐渐演化出惊人的体形，这很可能是因为那些会捕食它们的蜥臀类恐龙也演变得无比庞大。蜥臀类恐龙可以细分为两类——蜥脚型类和兽脚类。肉食性的兽脚类恐龙和现代的鸟类有许多接近的特征，例如它们都用双脚走路，这让兽脚类恐龙空出了双手，可以去捕捉猎物。兽脚类恐龙有着尖尖的牙齿和大大的头，还有强壮的长尾巴来维持平衡。无论是瘦小的美颌龙，还是

世界各地都发现了侏罗纪时期的鸟臀类恐龙化石，尤其在北美洲和非洲。不过总的来说，蜥臀类恐龙还是更普遍的。

侏罗纪时期，大多数的植物是松柏植物和蕨类。

最早的鸟类出现于这个时期。

百万年前

260

200

侏罗纪

侏罗纪早期
200～176百万年前

侏罗纪中期
176～161百万年前

侏罗纪晚期
161～146百万年前

150

庞大的异特龙，它们都是可怕的掠食者。

蜥脚型类恐龙则和它们的表亲兽脚类长得非常不同，它们大多有着巨大的身躯，用四条粗壮的腿行走。这类恐龙的脖子和尾巴都很长，有着小小的头和用来咀嚼植物的铅笔状的牙齿。恐龙中最有名的梁龙和长颈巨龙都属于巨型蜥脚类恐龙，它们都是由侏罗纪早期的祖先蜥脚型类恐龙演化而来的。

古生物学家通过观察化石骨骼的相近程度，研究各种恐龙及它们和其他动物之间的亲缘关系。这项工作有时很困难，尤其是很多恐龙只有部分骨头被发现，因此恐龙的分类关系时常在改变。

计算机能帮助科学家处理更大量的数据，并计算出哪些恐龙亲缘可能更加接近，再依照结果画出一棵"系统树"。当许多种类的恐龙都有共同的特征时，它们就被分成一类，画到同一个分枝上。通过对这些系统树的研究，我们就能知道哪些恐龙有着共同的祖先。

100   50   现在

白垩纪

白垩纪是地球历史上最温暖的时代之一。这个时期大陆还在持续分裂，海平面随之上升，而世界也更加闷热。

白垩纪时期，最早的开花植物出现了，它们逐渐变成地球上最主要的植物。当时的地球北至今天的法国都属于热带，而南北极甚至还没有今天的英国寒冷。

植食性的鸟臀类恐龙成了最常见的恐龙。比起侏罗纪时期，它们变得更大型而且样貌更多，包括巨大且身披盔甲的甲龙类、头顶大角的角龙类和嘴形像鸭子嘴的鸭嘴龙类。但这并不代表植食性恐龙都过得很好，蜥脚类恐龙就少了许多，这可能是因为它们常吃的植物在这个时期变少了。但幸存下来的蜥脚类恐龙演化出了史上最庞大的陆生动物，如阿根廷龙和无畏巨龙。

有些鸟臀类恐龙群居生活。它们有着复杂的社交活动，就像现代的鸟类一样。还有些鸟臀类恐龙演化出坚硬的铠甲、棘刺和尖角。

兽脚类恐龙演化出霸王龙这种终极杀戮机器。

除了很少一部分鸟类的祖先外，几乎所有的恐龙都在大灭绝中消失了。

百万年前
260

200

150

白垩纪早期
146～120百万年

8

另一类蜥臀类恐龙——兽脚类——则在此时演化出如霸王龙这样巨型的掠食者，以及较小型、长有羽毛的种类，如伶盗龙。

在白垩纪末期发生了另一场大灭绝，包括多数恐龙在内的许多动物都消失在世界上。许多科学家都认为这场灭绝是由一颗巨大的小行星撞击地球引起的，撞击所带来的大量尘土遮蔽了日光，长达数月之久。没了日光，植物无法生存；没了植物，多数恐龙都没了食物，这当然也包括以植食性恐龙为食的肉食性恐龙。气候的变迁也可能是这场灭绝的原因，这种变化虽然比较缓慢，但同样致命。

不过恐龙并没有全部灭绝，有部分兽脚类恐龙幸存了下来，它们就是现代鸟类的祖先。所以，每当你盯着一只鸽子、燕子甚至一只鸵鸟时，你其实都是在看一只现代的恐龙！

如果要形成化石，动物就必须在死后立刻被砂子、尘土、灰烬或泥巴掩埋，但多数陆生动物死后并不会马上被掩埋，因此化石记录就出现了很多空缺。科学家们至今已发现超过900种不同的恐龙，但肯定还有数以万计的种类是我们还没有发现的。

*译者注：由于缺乏明显的生物变化和化石证据，白垩纪在现今正规的地质年代划分中只有早期和晚期，而这里的中期就属于早期的一部分。随着越来越多这一时期的化石被不断发现，也有许多学者主张重新划分出白垩纪中期。

白垩纪

腔骨龙

1947年，古生物学家们找到了一片惊人的三叠纪墓场——上百只鲍氏腔骨龙被埋在同一个地方，形成了化石，地点就在美国的新墨西哥州。

这个发现地被称为幽灵牧场，它因为埋藏着大量三叠纪时期的化石而非常有名。在2亿1000万年前，幽灵牧场比现在更接近赤道，有着热带的气候。科学家们推测这里曾因暴雨引发了洪水，并将这种小型恐龙整群冲进了水洼，还伴随着河里的鱼类和其他三叠纪动物。这些动物被泥水覆盖，因此死后化石保存得非常完整。幽灵牧场的腔骨龙群中包含了年轻的个体，它们比成体有着更短的吻部和更大的眼睛。

腔骨龙是一种小型且行动迅速的肉食性恐龙，它们会猎捕快速移动的昆虫和小动物，在幽灵牧场两具恐龙化石的肚子里更发现了非常小型的鳄类。

腔骨龙是一种早期的兽脚类恐龙，它们是侏罗纪和白垩纪那些大型肉食性恐龙的亲戚，比如异特龙和霸王龙。腔骨龙也和这些掠食者一样有着许多可怕的特征，例如它们都长有复杂的锯齿。这些锯齿都被微小的皱褶包覆，这让牙齿变得非常坚硬，以至于在撕扯猎物的肉和骨头时不会断掉！

就像现代的猛禽（如老鹰）一样，腔骨龙也有锐利的目光，非常适合狩猎。

腔骨龙的名字来自它们带有空腔的前肢及后肢骨头，这让它们非常轻并且能够迅速移动。现代的鸟类也有这种中空的骨头。

在幽灵牧场中大量死亡的腔骨龙让科学家了解到这种恐龙是群居生活的。

长尾

腔骨龙档案卡

名称由来：骨头有空腔的恐龙
模式种：鲍氏腔骨龙
生存年代：三叠纪
存活于：2亿1000万年前
食性：肉食性
首次命名：1887年
成体长度：3米
成体高度：1.2米（腰部高度）
体重：12.6千克

恐龙发现地：
在幽灵牧场，恐龙化石其实非常稀有，这里找到的多数化石都是其他种类的远古爬行动物。

敏捷的后肢

短小的手臂

指爪

长长的脖子

锐利的目光

腔骨龙的骨骼也有"许愿骨"*，就像现代的鸡一样。

*译者注：即"叉骨"，是鸟类及其他恐龙特有的一根骨头，由左右两侧的锁骨愈合而成，呈叉状，在西方文化中会用于许愿，因而得名。

始奔龙

通过比较始奔龙和其他恐龙的骨骼，科学家能推测出这种恐龙的完整骨骼形态。

目前唯一发现的始奔龙骨骼还不是成年个体。如果科学家想要进一步了解这种早期的恐龙，就要寄希望于未来能够发现更多的化石。

古生物学家对早期的鸟臀类恐龙所知甚少，因为几乎找不到它们的化石。始奔龙则是目前发现的最完整的鸟臀类恐龙之一。

始奔龙的化石最初发现于1993年，科学家们花了将近14年的时间才完成对它的研究并命名。目前只发现始奔龙将近四分之一的骨骼，包括部分头骨、下颌、脊椎、前肢和后肢。发现的这只恐龙只有一只狐狸那么大，而且死亡时还未完全成年。因此，我们还无法确定始奔龙到底能长到多大。

由于有修长的后肢，科学家们推测始奔龙是敏捷的跑步健将。与后来出现的其他鸟臀类恐龙一样，始奔龙的牙齿也是用来咀嚼植物的，因此它们能快速奔跑不是为了捕捉猎物，而是从肉食性恐龙的口中逃生。其他证明始奔龙是鸟臀类恐龙的证据有：大大的手，以及手上有可以抓握的手指。

三角龙、肿头龙、甲龙和剑龙都是鸟臀类恐龙，因此它们应该也都是始奔龙的亲戚。这只小型、双腿奔跑的三叠纪恐龙的发现，让科学家们得以窥探晚期那些巨型的四足恐龙是怎样演化来的。

始奔龙的骨盆形态非常特别，它就像现代的鸟类一样是指向尾端的。这也是为什么这类恐龙被称为"鸟臀类"（腰部类似鸟类）恐龙。

类似鸟类的骨盆

三角形的牙齿

大大的手

修长的腿

长尾巴

始奔龙档案卡

名称由来：小型的原始奔跑者
模式种：娇小始奔龙
生存年代：三叠纪晚期
存活于：2亿2000万年前
食性：植食性
首次命名：2007年
成体长度：1米
成体高度：30厘米（腰部高度）
体重：2千克

恐龙发现地：
在全世界只有一个地方发现了始奔龙的化石——位于南非的一个农场。此外，在阿根廷也发现了一些其他三叠纪鸟臀类恐龙的化石。

始奔龙在国外有"BB鸟"的绰号，因为它们跟这个卡通角色一样都又小又快。

始盗龙

作为一只没有比公鸡大多少的恐龙，始盗龙可以说是备受关注。它是目前发现的最古老的二足恐龙之一。

最初，科学家认为始盗龙是霸王龙这类肉食性恐龙的祖先，因为它也用两条腿奔跑，有着小短手，手上还有弯曲的指爪，看起来就像擅长狩猎的样子。这也是科学家把它取名为"盗龙"的原因，代表它像盗匪一样迅速、凶狠。但如果仔细观察始盗龙的化石就会发现，它其实和巨型的植食性蜥脚类恐龙（如梁龙）是更接近的亲戚。

与多数恐龙一样，始盗龙口中也紧密地排列着100多颗牙齿。这些牙齿中有又小又尖还带有锯齿的牙齿，也有较圆润的叶片状牙齿。这表明始盗龙是一种杂食性恐龙，既吃柔软的植物，也会去猎捕小动物。始盗龙的头骨上有大鼻孔和角质喙的痕迹，与很多早期的蜥脚型类很像。此外，手指骨头（指骨）弯曲也是这种恐龙和植食性恐龙的另一个相似之处。它修长的后腿虽然适合奔跑，但可能不是用来追捕猎物，而是用来从埃雷拉龙的口中逃生。

有些科学家认为始盗龙是蜥脚类和兽脚类恐龙的共同祖先。随着更多化石的发现，有朝一日我们也许能确定始盗龙真正属于哪一类恐龙。

始盗龙甚至可能不是一只恐龙，而是相当于恐龙类的祖先，属于更加原始的主龙类。

始盗龙档案卡

名称由来：原始、黎明期的掠夺者
模式种：月亮谷始盗龙
生存年代：三叠纪
存活于：2亿3000万~2亿2500万年前
食性：杂食性
首次命名：1993年
成体长度：1.2米
成体高度：50厘米
体重：2千克

恐龙发现地：
多数有关最早期恐龙的发现都来自阿根廷的伊斯基瓜拉斯托组。2亿3000万年前，这里还是一处沼泽森林，很多骨头都有机会被埋在水中和沉积物之下，因此这个区域盛产化石。

伊斯基瓜拉斯托组位于一处干燥、风大的沙漠，这个地层对地质学研究相当重要，因此属于世界遗产。

大大的鼻孔

小小的头

短短的前肢

3根带有钩爪的手指

长长的后腿

始盗龙的骨头是中空的，而且很轻。

埃雷拉龙

埃雷拉龙生活在第一只恐龙刚刚演化出来的时代，它让我们知道所有恐龙的共同祖先可能是什么样貌。

埃雷拉龙的名称来自一个阿根廷的牧农维多利诺·埃雷拉，就是他在1961年带领古生物学家找到了埃雷拉龙的化石。由于当时只发现了身体后半部的骨骼，所以在20世纪80年代找到新的化石前，科学家都不确定埃雷拉龙长什么样子。研究埃雷拉龙的长相就像在玩一个大型拼图一样，科学家找到了许多保存着埃雷拉龙不同部位的化石，通过这些化石努力拼凑出它的全貌。埃雷拉龙有许多和其他恐龙共有的特征，但有些恐龙应有的特征却消失不见了。

科学家能确定埃雷拉龙是恐怖的肉食性恐龙。它有着细长的手指，手指末端还有能抓取猎物的指爪。此外，它也长着带有锯齿的牙齿和灵活的下颌。在同一地点发现的植物和其他动物能帮我们了解一些埃雷拉龙的习性：它们生活在高高的松柏森林里，会在木贼等蕨类植物间穿梭，以似哺乳爬行动物、蜥蜴、两栖动物和巨大的三叠纪昆虫为食。

埃雷拉龙档案卡

名称由来：埃雷拉发现的恐龙
模式种：伊斯基瓜拉斯托埃雷拉龙
生存年代：三叠纪晚期
存活于：2亿2500万年前
食性：肉食性
首次命名：1963年
成体长度：3~4米
成体高度：1.1米（腰部高度）
体重：180千克

恐龙发现地：
埃雷拉龙发现于阿根廷西北部的伊斯基瓜拉斯托组地层。这里也是目前科学家在全世界发现的唯一包含了三叠纪每个阶段的地层。

木贼是著名的活化石，它是幸存至今的植物中，唯一活得比恐龙久的。

埃雷拉龙的化石发现于1958年，但之后它们就被锁在阿根廷的一个港口，并被遗忘在那里长达2年时间。

四方形的头骨

细瘦的脖子

短小的手臂

3根细长的手指

修长的后腿

有些科学家认为埃雷拉龙可能是早期的兽脚类恐龙，但也有些科学家认为它压根就不是恐龙。

埃雷拉龙有着灵活的下颌，所以即使猎物挣扎，它也不会受伤。

鼠龙

巨大、迟钝、凶猛……恐龙被赋予了很多的形象，但当鼠龙被发现时，这个清单上又多了一个新的形容词——可爱。

20世纪70年代古生物学家发现了一具娇小的骨骼，长度只有20厘米，甚至没有一只老鼠大，因此它被取名为"鼠龙"。然而，有一连串的证据显示，这个骨骼其实只是个婴儿恐龙。例如，化石找到时有6具类似的骨架，旁边还有2颗化石蛋。那它们的父母又在哪里呢？科学家经过研究才意识到这些小型的骨架是婴儿恐龙，而附近发现原以为是板龙的骨骼，其实正属于这个种类——鼠龙。

从化石的头骨可以观察到，婴儿鼠龙的头部很大，有着大大的眼睛和又短又圆的吻部，与现代许多动物的婴儿一样。这种可爱的外貌能激发父母照顾它们，而不是遗弃甚至吃掉它们。成年鼠龙会照顾小鼠龙，直到它们大到足够保护自己。

鼠龙的外貌会随着成长发生很多改变，这就导致科学家花了很长时间才发现，成年的鼠龙和这些大头宝宝原来是同一种恐龙。在成长的过程中，鼠龙的头会增长3倍，眼睛也会变得狭窄，腿则会变得又粗又壮。它们的身体长得比头快，因此相对于身体来说，成年鼠龙的脑袋显得格外小。前肢的骨头显示鼠龙是用四条腿在地上行走的，同时用长长的脖子获取美味的树叶。

有些科学家认为，鼠龙这种蜥脚类恐龙是迷惑龙等巨型蜥脚类的祖先。

鼠龙会用它们又长又圆的牙齿剥下松树或蕨类植物细长的针状叶片食用，幼年鼠龙可能也会把一些小昆虫当作点心。

尖尖的牙齿

长长的脖子

（腰部）有宽厚的尾巴

大大的趾爪（拇趾）

粗壮的大腿

5根手指

已发现的鼠龙化石包括成年、婴儿甚至青少年期，这让科学家得以知晓它们的成长过程。

鼠龙刚出生时只有不到3厘米长。

鼠龙档案卡

名称由来：大小类似老鼠的恐龙
模式种：巴塔哥尼亚鼠龙
生存年代：三叠纪晚期
存活于：2亿2800万～2亿900万年前
食性：植食性
首次命名：1979年
成体长度：3米
成体高度：80厘米
体重：100千克

恐龙发现地：
鼠龙发现于阿根廷的巴塔哥尼亚。这里的岩石形成于约2亿1500万年前，因此科学家能在这里研究鼠龙存活时期的化石。

长长的尾巴

板龙

板龙是第一只真正比较大的恐龙。它的化石在三叠纪的地层中很常见，因此科学家对这种恐龙的研究比较详细。

科学家可以用显微镜观察骨头，从而得知一个动物的生长速度，就像数树木的年轮一样。板龙的骨头非常神奇，它显示有些板龙可以长到很大，但有些只长到一半的大小就不再长了。这表明板龙可能会因自身环境的差异而有不同的生长速度。在现代的某些爬行动物中也能观察到这种现象，但板龙是目前发现的恐龙中唯一有这种模式的。也有一些科学家认为体形不同的板龙可能是不同的种类，或者是不同的性别（板龙的雌性比雄性小，也可能反过来）。

板龙叶片状的牙齿显示它们以植物为食。当其他的三叠纪植食性恐龙还只能吃一些低矮植物时，板龙就已经可以伸长它们的后腿和长长的脖子来享用高大的树木了。它们还有又长又尖的指爪，这可以帮助它们扯下树枝。在侏罗纪那些巨型的蜥脚类出现之前，树顶的美味是板龙专享的。

板龙是一种早期的蜥脚类恐龙，这代表它们和迷惑龙等巨型蜥脚类是亲戚。科学家希望通过研究板龙丰富的生长模式，找出后期蜥脚类恐龙演化得如此巨大的原因。

曾有科学家认为板龙会和袋鼠一样跳来跳去，但三维计算机模型显示它们的两条腿是用来漫步的。

恩氏板龙的名称是为了纪念德国科学家约翰·腓特烈·恩格尔哈特，他发现了第一只板龙。

小小的头

在德国的一个化石点，科学家曾在同一个地方发现了50只以上的板龙。

长长的脖子

粗壮的身体

修长的后腿

5根手指

5根脚趾

板龙的化石常常是好几只在一起被找到，这代表它们过着群居生活。

板龙档案卡

名称由来：平板、宽厚的恐龙
模式种：恩氏板龙
生存年代：三叠纪晚期
存活于：2亿1000万年前
食性：植食性
首次命名：1937年
成体长度：6~8米
成体高度：未知
体重：4吨

恐龙发现地：
在德国、瑞士和法国已经发现了共100多具板龙化石。

异特龙

异特龙是侏罗纪晚期最大、最凶恶的掠食者之一。它非常强壮，甚至能击倒踏入自己攻击范围的巨型蜥脚类恐龙。

异特龙有着非常强壮的头骨，但它的咬合力只有霸王龙的四分之一，也仅有现代的狮子一半左右的威力。因此，异特龙的攻击模式可能不是咬断猎物的肉和骨头，而是先用下颌快速咬住猎物并用前肢抓紧，再用强壮的颈部肌肉向后拉扯，从而撕下一大块肉。这种猎食方式和现代的科莫多巨蜥很像。异特龙的口中排列着带有锯齿的牙齿，每颗长度在5~10厘米。这些牙齿都向后弯曲，这让异特龙能更好地咬紧挣扎的猎物。科学家在很多大型恐龙的身上都发现了异特龙的齿痕，如迷惑龙和剑龙。异特龙可能也会食腐，它们会外出寻找一些更大的蜥脚类恐龙尸体。

目前已经发现许多不同成长阶段的异特龙的化石，因此科学家对它们的了解胜过其他多数兽脚类恐龙。这些化石证据显示，异特龙在15岁左右达到成年体形，可以活到25岁左右，相比之下，大型的蜥脚类恐龙则可以活到50岁以上。

异特龙的骨骼显示，它们在进行猛烈的攻击时，也经常让自己受伤，已发现的其中一具异特龙的骨骼上就有十多处创伤，包括骨折、指爪断裂，甚至感染。在另外2具不同的异特龙骨骼的尾巴和骨盆上，也发现了剑龙尾部棘刺的刺伤。但它们复原得非常好，那些在进食过程中被弄断的牙齿也能迅速长回来。

异特龙档案卡

名称由来：奇特、不同的恐龙
模式种：脆弱异特龙
生存年代：侏罗纪晚期
存活于：1亿5000万~1亿4400万年前
食性：肉食性
首次命名：1877年
成体长度：12米
成体高度：4.5米（腰部高度）
体重：1.5~2吨

恐龙发现地：
多数的异特龙化石都发现于北美洲西部和葡萄牙。例如，在犹他州的一个化石点就发现了超过45只异特龙。而这种恐龙的后代则在非洲、澳大利亚和北美洲都有发现。

异特龙的眼睛可以直视前方，这让它们和我们一样可以判断远近，还能让它们更准确地扑向前方的猎物。

异特龙的奔跑时速约为32千米，比人类的短跑选手还慢很多，但这个速度足以让它们追上迟缓的猎物。

异特龙的名字来源于它们背上奇特的骨头，这些骨头和其他的恐龙都不太一样。

长长的尾巴

短短的骨质头冠

大大的下颌

粗壮的腿

3根手指

3根脚趾

大大的脚掌

巨大的钩爪（15厘米）

沉重的脚

异特龙大腿的骨头长达1米多。

始祖鸟

那是鸟？是飞机？还是……恐龙？*当第一具始祖鸟的骨骼被发现时，科学家认为这是最古老的鸟类之一。

虽然这具始祖鸟的化石只有乌鸦大小，但它的发现仍然震撼了全世界，因为在它保存完整的骨骼周围，甚至能看到清晰的羽毛印痕。科学家在仔细研究始祖鸟的翅膀后认为，这对翅膀可以用来飞行或滑翔。但只有羽毛和翅膀还不足以让它们飞向天空，现代的鸟类也要靠厉害的大脑才能处理飞行时遇到的种种复杂状况。但大脑由软组织组成，一般无法形成化石。不过幸运的是，鸟类的大脑一般会在头颅中留下痕迹，而这些痕迹能让科学家了解它们的大脑有哪些独特的区域。

始祖鸟还有许多现代鸟类不具备的特征——牙齿、细长且有骨头的尾巴、保护柔软腹部的特殊骨头**，以及翅膀前端的爪子。有趣的是，鸟类的胸前都有个大大的突起，这是为了附着飞行所需的强壮肌肉，但在始祖鸟身上却看不到这个突起。

始祖鸟可能会拍打翅膀，但并不是为了起飞，而是为了滑翔或是在扑向猎物时保持平衡，而它们的羽毛则主要用来保暖。上述许多特征都表明，始祖鸟并不是第一只鸟类或者鸟类的祖先，但无论如何它的存在都是一个非常重要的发现。

*译者注：此处致敬动画片《超人》片头曲的旁白"看看天空！那是鸟？那是飞机？不……那是超人！"
**译者注：称为"腹肋"。

始祖鸟和中国鸟龙等驰龙类恐龙是近亲。它们都有短粗且坚韧的羽毛，但不是用来飞行的，它们身上的羽毛主要用来保暖。

始祖鸟的大脑显示，它们有绝佳的平衡感和视力，这表明它们可能会飞。

有骨头的尾巴

羽毛

小小的锥状牙齿

爪子

始祖鸟同时拥有鸟类和恐龙的特征，因此它的分类可能也介于这两者之间。

始祖鸟档案卡

名称由来：长着远古的鸟类翅膀
模式种：印石板始祖鸟
生存年代：侏罗纪晚期
存活于：1亿4700万年前
食性：肉食性
首次命名：1861年
成体长度：50厘米
成体高度：70厘米
体重：500克

恐龙发现地：
第一具始祖鸟骨骼化石是一个采矿工在德国著名的索伦霍芬地层发现的，这个标本现在是伦敦自然历史博物馆最有价值的收藏品。

双脊龙

当你找寻了许多年的恐龙……突然一次出现3只在你的眼前！这就发生在1942年的美国亚利桑那州，当人们首度发现双脊龙的化石时。

起初，科学家认为这些在美国亚利桑那州发现的化石属于一种大型的侏罗纪肉食性恐龙——巨齿龙。直到1964年找到了完整的头骨，科学家们才发现他们研究的是一种全新的恐龙，而最明显的证据就来自它们吻部上方的两个骨质头冠。

双脊龙是最早的大型肉食性恐龙之一。由于是3只一起发现的，科学家推测它们可能会组成小群体来狩猎。

虽然双脊龙有尖锐的牙齿，但它们的下颌十分脆弱，无法用咬合力给猎物致命一击，因此它们可能是用牙齿撕取尸体上的肉。这能说明它们是吃腐肉的食腐者吗？或者它们是用手或脚先杀死猎物的吗？

科学家找到了许多证据证明双脊龙会自己狩猎。例如，它们的手上有可以对握的"拇指"，这让它们能攫取猎物，而后肢上尖锐的爪子也是强有力的武器。在亚利桑那州发现的其中一具双脊龙化石显示，它死亡时身上有8处明显的伤口，许多兽脚类都有类似的记录。这些伤口包括手臂和指爪上的断裂及感染，很可能是在捕杀猎物时造成的。

双脊龙栖息在河流和湖泊旁，它们可能也会捕鱼来吃。

双脊龙档案卡

名称由来：有两个头冠的恐龙
模式种：月面谷双脊龙
生存年代：侏罗纪早期
存活于：2亿～1亿9000万年前
食性：肉食性
首次命名：1954/1970年
成体长度：6～7米
成体高度：2.4米
体重：450千克

恐龙发现地：
月面谷双脊龙的化石只在美国的亚利桑那州被发现过，不过这种恐龙的近亲在中国也有发现。

双脊龙是最早在吻部长出骨质头冠的兽脚类恐龙之一。这对头冠可能是用来吸引异性——就像孔雀那样——或者辨认不同族群的。

双脊龙的体重和一匹小马差不多。

扇形的头冠

大大的头

大大的牙齿

颌部有缺口，像鳄鱼一样

手上有5根手指

梁龙

梁龙是世界上最著名的恐龙之一，这种恐龙也让我们感到非常惊奇。

梁龙是目前发现的完整恐龙化石中，长度最长的恐龙。它的颈部伸直是长颈鹿的3倍长，而为了维持平衡，它甚至有条比脖子更长的尾巴。这个长脖子究竟是挺直向上吃树顶的叶子，还是埋头向前"收割"大片的谷物？又或者是像火烈鸟那样弯曲着？为了得到答案，科学家们对梁龙颈椎的连接方式进行了研究。由于梁龙大部分的重量都集中到了躯体部分，科学家认为它们可以利用双腿坐起，这样就能吃到树顶的叶子。此外，它们也会吃一些低矮植物。

梁龙的每颗牙齿都有5颗备用牙齿，而它们每35天就会换一次牙齿。如果梁龙以低矮植物为食，那它们很可能会不小心吃进许多砂砾，牙齿就会磨损得非常快。因此，每6个月就能整套换新的牙齿是让梁龙可以享用低矮植物的最佳工具。

梁龙及其近亲的尾巴到末端都会变得非常尖细并且弯曲，这表明它们的尾巴并不只是用来维持平衡。计算机模型显示，当梁龙摆动它庞大的臀部时，这个动量会传达到尾部末端，而此时的移动速度甚至可以超过声速！它们的尾巴就像鞭子一样，甚至可能发出炸裂或爆裂声。

梁龙档案卡

名称由来：（尾椎下方）有一对支撑横梁
模式种：长梁龙
生存年代：侏罗纪
存活于：1亿5000万~1亿4500万年前
食性：植食性
首次命名：1878年
成体长度：26米
成体高度：14米
体重：25吨

恐龙发现地：
梁龙的化石来自美国的莫里逊地层（位于怀俄明州和科罗拉多州），其中一具骨架甚至长达33米，相当于3辆双层巴士的长度。

这条强而有力的尾巴可能是用来吓唬掠食者、赶跑竞争的蜥脚类恐龙或是和其他梁龙进行远距离沟通的工具。

铅笔状的牙齿

鼻孔向后延伸

长长的脖子

宽宽的方形嘴

粗壮且末端尖细的尾巴

梁龙是如此巨大，它们必须不停地吃才能活下去。

大大的爪子

5根脚趾

小小的头

梁龙和许多其他的巨型蜥脚类恐龙共享侏罗纪的栖息地，例如超龙和无畏巨龙。这些恐龙可能比梁龙更长，但目前都只找到了它们的部分骨骼。

长颈巨龙

想象一下你的名字被叫错将近100年！科学家们发现长颈巨龙其实不是腕龙就用了这么长的时间。

虽然腕龙和长颈巨龙的骨骼形态接近，但科学家已经在化石中找到了至少26处极大的差异，这表明它们有着非常不同的外貌。

骨质头冠

小小的头

后撤的鼻孔

长颈巨龙的鼻孔后撤到头顶上，所以它们可以不断进食，不需要为了呼吸而停下。

长颈巨龙和腕龙是所有蜥脚类恐龙中最高且最重的两种。它们都有像长颈鹿那样的长脖子、比后腿还长的前肢，以及比梁龙短的尾巴。这也难怪长颈巨龙最初被当成腕龙的一种，命名为"布氏腕龙"。

到了20世纪，有些科学家开始对此产生怀疑。在布氏腕龙的化石被挖掘出来的将近100年后，通过对骨骼更详细的比较，科学家终于发现这两种恐龙就像狮子和老虎一样，是完全不同的种类，因此便将它改名为"长颈巨龙"。

科学家对蜥脚类恐龙庞大的身躯很感兴趣，毕竟现代没有一种陆生动物能长到如此巨大，而最令人费解的莫过于那个长长的脖子了。如果长颈巨龙将脖子向前伸，它们只是站在原地就能吃到非常广阔范围的食物，这让它们更省力。它们也可能像现代的长颈鹿一样，利用长脖子获取更高处的植物，但不同的是，长颈鹿不需要长到4层楼高。

有些科学家认为这个长脖子能帮助长颈巨龙散热。许多大型动物都有过热的风险——大象就通过巨大的耳朵来散发身体的热量，而蜥脚类的长脖子可能也有类似的作用。想象一下，微风拂过长颈巨龙的脖子，为它带来阵阵清凉，那可真是有趣的光景！

已发现的恐龙颈椎化石暗示地球上曾存在过更巨大的蜥脚类，如阿根廷龙。

非常长的脖子

中等长度的尾巴

长颈巨龙没有用来咀嚼的牙齿，因此它们需要不停地进食才能吸收到足够的能量来维持庞大的身躯。

长长的前肢

长颈巨龙档案卡

名称由来：像长颈鹿的巨型恐龙
模式种：布氏长颈巨龙
生存年代：侏罗纪晚期
存活于：1亿5500万～1亿4000万年前
食性：植食性
首次命名：1988年
成体长度：23～25米
成体高度：13米
体重：23～25吨

恐龙发现地：
20世纪初叶，在非洲的坦桑尼亚发现了最初的长颈巨龙化石。它在1914年被命名为"布氏腕龙"。

腿龙

这种小型、身体上有很多小疙瘩的植食性恐龙非常重要。腿龙的发现让科学家知道为什么装甲类恐龙（如剑龙、甲龙）会长出如此令人惊叹的铠甲。

腿龙是最原始的装甲类恐龙，它可能是甲龙或剑龙的祖先，也可能是这两者的共同祖先。比起它们白垩纪的甲龙亲戚，腿龙的体形算是非常娇小的，但是它们都习惯四足行走，身上也都有坚硬的皮肤，上面排列着骨板。这些骨板内部像海绵一样有许多空洞，最外层则是结实的骨头。

在所有已发现的恐龙化石中，腿龙化石是第一具拥有完整骨骼，也是保存状态最好的化石之一。它们的化石是在石灰岩中被发现的，经过弱酸的浸泡，石灰岩逐渐溶解，化石就显露了出来。腿龙的化石保存得非常好，甚至连皮肤等一些软组织都留下了化石痕迹。这让科学家认识到，腿龙的骨板——甚至其他所有装甲类恐龙的骨板——是包覆在皮肤之下的。这些骨板也许能抵御掠食者的攻击（大口去咬腿龙肯定会牙疼），或者用来展示炫耀。

腿龙的喙和叶状的牙齿能帮它们撕下木贼等蕨类植物的叶片。头骨的化石显示腿龙有脸颊，这表明它们可能会往口中塞入满满的食物。但它们没有用来咀嚼的牙齿，因此它们可能像现代的鳄鱼或鸟类一样，吞下一些石头到胃中帮助磨碎植物。

腿龙的化石发现地在侏罗纪早期是一片水域，因此这可能是一群或是一家被洪水或海啸冲到海里的腿龙，它们的尸体以非常完整的状态形成了化石。

令人惊奇的是，有些腿龙被发现时骨骼还是关联状态，也就是骨头都还连接在一起。这让科学家可以更清楚地知道这种恐龙的形态样貌。

腿龙档案卡

名称由来：后腿粗壮的恐龙
模式种：哈里斯腿龙
生存年代：侏罗纪早期
存活于：2亿600万～1亿8000万年前
食性：植食性
首次命名：1861年
成体长度：4米
成体高度：1米
体重：200千克

恐龙发现地：
腿龙是英国多塞特郡的恐龙，它的化石只在查茅兹附近的悬崖被发现过。它的外形和北美洲的小盾龙很像，它们都是早期的装甲类恐龙。

腿龙由理查德·欧文命名，他是英国著名的科学家，并在1842年发明了"恐龙"一词。

成列的骨板

健壮的四肢

蹄状的爪子

脸颊

喙

较长的脖子

剑龙

多数已发现的剑龙骨骼都破碎不堪，其中一具非常完整的骨骼是一位农夫在使用推土机时发现的。这个剑龙骨骼现在在伦敦自然历史博物馆展出。

剑龙是剑龙家族中最大的，这类植食性恐龙漫游在侏罗纪中期到白垩纪早期的地球上。所有剑龙家族成员都有两排骨板或棘刺，从脖子延伸到尾巴。

科学家只花了不到10年的时间就确定了剑龙骨板的排列方式，但在研究这些骨板的作用上却花了100多年！

当第一块剑龙化石被挖掘出来时，科学家以为它们的骨板应该像屋瓦一样一片一片地覆盖在背上。但当在这具骨骼旁又发现另一块剑龙化石时，科学家们才意识到事情并不简单——剑龙的骨板是竖立着的，共有两排，从脖子延伸到尾巴。这些骨板并没有和身体骨骼连接，但都长在皮肤下面。

剑龙的大脑只有一颗高尔夫球那么大，相比之下，现代最大的陆生动物大象的大脑，就有我们人类的3倍大。

这些骨板有什么作用呢？它们可能是用来防御掠食者的武装，也可能是用来加热或冷却身体的体温调节器，其鲜艳的色彩也可能有利于吸引异性。除此之外，它们还有可能用来区分不同的伙伴，因为不同种类的剑龙拥有不同形状和尺寸的骨板。

足迹化石能告诉科学家一种恐龙是独居还是群居。在同一区域同时发现了婴儿、少年和成年的剑龙足迹，表明剑龙并不是组成一个大群体生活的，而可能过着小团体生活，这对它们来说比较安全。

剑龙尾巴的棘刺长达1米，其损坏的末端表明剑龙用它们进行防御。这些棘刺长在粗短的尾巴末端，当剑龙用力甩动尾巴时，它们足以刺穿饥饿的肉食性恐龙那厚实的皮肤。在异特龙的化石上就发现了剑龙摆尾留下的伤口。剑龙比其他恐龙长得慢，因此这样的武器有很大的自我保护作用。

剑龙档案卡

名称由来：背部有像剑一样的骨板的恐龙
模式种：狭脸剑龙
生存年代：侏罗纪
存活于：1亿5600万~1亿4400万年前
食性：植食性
首次命名：1877年
成体长度：9米
成体高度：4米
体重：3.5吨

恐龙发现地：
除了澳大利亚和南极洲，全球都有剑龙家族的化石被发现。多数的狭脸剑龙化石都发现于北美洲西部。

两排骨板共有18~20块

宽厚的臀部

又小又尖的头

作为一种大型恐龙，剑龙的牙齿却很小。

4根棘刺（约1米长）

这种素食恐龙可能以低矮的植物为食，例如蕨类、苔藓或者苏铁。剑龙的喙可以用来撕碎植物，但它们可能只吃得下柔软的细枝嫩叶。

后肢有3根圆钝的脚趾

前肢有5根趾头

甲龙

当肉食性恐龙开始变大时，植食性恐龙也变得更加强悍。甲龙为了适应这个弱肉强食的世界，演化出了恐龙界最好的铠甲。

甲龙家族是装甲类恐龙的两大家族之一，它们和另外一种也是满身装甲、四足行走的恐龙——剑龙是近亲。在目前发现的甲龙家族化石中，甲龙是最大的恐龙。

甲龙这身铠甲由骨板组成，长在皮肤下面。现代的鳄鱼也有这种骨板，但与甲龙身上那种又是突起、又是棘刺的骨板没有可比性。甲龙甚至连眼皮上都有骨板。

巨大的骨板覆盖在甲龙的肩膀和脖子上，保护着它们最重要的部位，不让霸王龙的血盆大口有机可乘。身体最顶部和两侧的骨板则更小一些，方便甲龙自由地行动。为了吃到一口甲龙肉，掠食者必须将甲龙翻过来四脚朝天，但这非常困难，因为甲龙的身体和一辆汽车一样宽，而且身躯很低，接近地面，就像现代军队的坦克车一样。

虽然这些骨板只有几毫米厚，但它们坚硬无比：每块骨板都由轻量、海绵状的骨头组成，外面则包围着薄薄的骨头，还有很多胶原纤维来强化结构。甲龙的这身铠甲很轻，但又不会被掠食者的牙齿咬穿。

甲龙的大脑有很大一部分是用来闻东西的，这也许能帮助它们找到食物或躲避掠食者。

在剑龙尾巴的末端，许多尾椎愈合成了一根长长的"手柄"，上面还有许多骨板形成的巨大尾锤，能左右挥动。科学家也证实了这个巨大尾锤确实非常强壮，足以令大型肉食性恐龙骨折或倒地不起。在求偶时，尾锤也可能用来和其他的甲龙打斗，或者警告它们。

角

宽宽的头骨

喙

棘刺

重量级尾锤

甲龙档案卡

名称由来：坚硬的、有铠甲的恐龙
模式种：大面甲龙
生存年代：白垩纪晚期
存活于：6800万～6600万年前
食性：植食性
首次命名：1908年
成体长度：6～7米
成体高度：1.7米
体重：4吨

恐龙发现地：
甲龙的化石发现于加拿大的艾伯塔省及美国的蒙大拿州和怀俄明州。

甲龙的骨板上分布着大量的血管网络系统，因此有些科学家认为这些骨板还能帮助甲龙降温。

甲龙的整个尾锤（包括手柄和球状的锤子）大约有1米长。

恐爪龙

和这种非常重要的恐龙打个招呼吧！恐爪龙的化石让我们认识到，恐龙并不像迟缓的蜥蜴，它们可以行动非常迅速，甚至像鸟类一样轻盈。

恐爪龙最先让人注意到的地方，是它的两只脚上各有一个又大、又弯曲的致命钩爪。如果回到白垩纪，当心这可能会是你生前看到的最后一个东西！恐爪龙在行走时会将钩爪上扬，远离地面避免磨损，因此它们的钩爪能一直保持尖锐。最初，科学家认为这对钩爪是用来刺杀猎物，或是在袭击大型恐龙时便于爬到它们身上。但最近科学家提出，这对爪子可能有更加血腥和致命的用途。有研究认为恐爪龙可能会像猛禽利用自己的脚爪一样，用这对钩爪压制挣扎中的猎物，并将它们生吞活剥。最终，这对抓握能力极佳的后脚可能可以帮助恐龙爬上枝头，然后演化成鸟类。

恐爪龙的化石是在腱龙*化石附近发现的，后者是一种更大型的恐龙。这只腱龙身上有恐爪龙的咬痕，四周甚至还有恐爪龙断掉的牙齿。这些牙齿可能是恐爪龙试图咬碎腱龙的肋骨时弄断的。有些咬痕非常深，由此可以推断出恐爪龙的咬合力不亚于狮子或老虎。

*译者注：腱龙是一种中大型的鸟脚类恐龙，是非常原始的禽龙类。

恐爪龙是个灵敏的掠食者，这代表恐龙可能是内温动物（俗称"温血动物"），而不像鳄鱼是外温动物（俗称"冷血动物"），后者无法跑得像鸟类飞行一样快。

恐爪龙和伤齿龙、霸王龙等其他肉食性兽脚类恐龙都是亲戚。这类恐龙和我们现在随处可见的鸟类是远房亲戚。

羽毛

锐利的目光

僵硬的尾巴

二足步行

致命的钩爪

毫无疑问，腱龙是恐爪龙最爱的大餐之一！

 恐爪龙档案卡

名称由来：长着恐怖的爪子
模式种：平衡恐爪龙
生存年代：白垩纪
存活于：1亿2000万～1亿1000万年前
食性：肉食性
首次命名：1969年
成体长度：3米
成体高度：90厘米（腰部高度）
体重：75千克

恐龙发现地：
在美国的蒙大拿州发现了许多恐爪龙的骨骼化石，甚至还有不满2岁的幼体。这只小恐爪龙和成年恐爪龙长得非常不同，它甚至可能像现代的鸟类一样会拍打"翅膀"。

肿头龙

肿头龙最有名的就是它们头上有顶"安全帽"，有些科学家认为这个骨质肿头肯定是用来对撞的。

肿头龙头上的骨质肿头能长到23厘米厚，这非常引人注目，因为从古至今还没有其他动物长有这样的头骨。根据骨头来推断恐龙的行为非常困难，但有个理论认为它们会用头对撞比试，以此决出谁才是真正的老大，就像现代的山羊一样。通过扫描化石，科学家还发现了肿头上的凹痕和损伤，这可能是在战斗中造成的。有些科学家则认为肿头龙的长脖子不够强壮，无法承担头对头的猛烈冲撞，而更可能是用身体对撞，甚至它们的肿头可能只是用来展示炫耀的。肿头龙群居生活，所以肿头的尺寸也可能是辨别恐龙年龄和地位的重要依据。肿头龙头部的其他部位和吻部则长满了骨质棘刺和小尖角，这些可能都是附加的装饰。

2016年发现的3个小型肿头龙的头骨显示，这些肿头龙的头上都已经长有明显的棘刺。有些科学家认为另外两种头上长满棘刺的小型恐龙——霍格沃茨龙王龙和多刺冥河龙——其实都只是还没长大的怀俄明肿头龙。

肿头龙档案卡

名称由来：头部肿大的恐龙
模式种：怀俄明肿头龙
生存年代：白垩纪
存活于：6800万~6600万年前
食性：植食性或杂食性
首次命名：1943年
成体长度：4.5米
成体高度：3米
体重：1吨

恐龙发现地：
在北美洲的许多地方都发现了肿头龙的化石。

骨质突起

又大又光滑的肿头

喙

肿头龙属于肿头龙家族，这类恐龙有着厚厚的骨质肿头，而不是大大的尖角。它们活在恐龙灭绝前的最后一段时光里。

小小的手臂和手

霍格沃茨龙王龙的名称原意是"霍格沃茨的龙王"，来自小说《哈利·波特》中的学校名称。

强壮的后腿

副栉龙

为什么这只恐龙的头上会有个1.8米长的头冠？自从近100年前副栉龙被发现以来，科学家提出了许多猜测。

副栉龙的头冠由骨头组成，但并不是实心的。头冠中有对来自鼻孔的通道连接到头冠的顶部，然后又绕一圈回到喉咙的位置。当有空气进入这个通道时，它们大约会流动2.5米。科学家推测这个结构的功能可能是往呼吸道中储存空气，从而让副栉龙可以在水下进食，或是让副栉龙有更好的嗅觉，又或是用来吸引异性。

计算机建模让科学家想到了另一种可能性——这个头冠说不定就像笛子这类吹管乐器一样，是用来发出声音的，它里面的管道就像乐器的结构一样。根据头冠的不同尺寸和形状推测，成年龙可能可以发出低频率的声音，就像现代的鲸鱼，而年龄较小的恐龙可能发出的声音则更像在鸣叫。计算机建模对科学家研究已经灭绝的动物很有帮助，他们可以利用不同的模型来研究许多行为，如咀嚼、咬合、飞行及移动。

那么恐龙为什么需要特别的发音系统？副栉龙是非常聪明的恐龙，而且是组成一个大群体生活的，因此集群里的家长可能时常要和孩子们"沟通"。此外，声音也可以有效地警告恐龙群即将到来的危险，或者用来吸引异性。它们有非常好的视力，因此头冠也可能是用来辨认彼此的。

副栉龙是鸭嘴龙家族的一员，它们和更早期的鸟臀类恐龙，如禽龙和畸齿龙，都是亲戚。

最年轻的一具副栉龙骨骼是一名少年在做学校作业时发现的。

副栉龙档案卡

名称由来：像栉龙*的恐龙
模式种：沃克氏副栉龙
生存年代：白垩纪晚期
存活于：7600万～7400万年前
食性：植食性
首次命名：1922年
成体长度：11米
成体高度：4米
体重：3.5吨

恐龙发现地：
副栉龙的化石广泛分布于现在的北美洲。

头冠的中间有个隔板将通道一分为二，就像你的鼻孔一样！

磨碎食物的牙齿

喙

巨大的骨质头冠

*译者注：另一种鸟脚类恐龙，头上有较小的头冠，也属于鸭嘴龙类。

幼年副栉龙的化石发现于2013年，它未满周岁，但已经和一台小汽车一样大了！它的头上有个小小的突起，表明副栉龙的头冠从出生起就开始生长了。

三角龙

当第一只三角龙化石出土时，科学家认为它眉眼处1米长的大角肯定属于一种巨型野牛。但事实上，他们发现了长角的恐龙！

这头壮硕的野兽是最大型的角龙类恐龙之一，它和一头非洲象差不多大。科学家认为三角龙和大象一样，都是用粗壮的四条腿站立。但它们头上的大尖角到底是做什么用的呢？这看起来完全就是为了自我防卫：高度正好在可以刺击霸王龙腹部的位置，而且目前已经发现至少有一只三角龙的尖角上有霸王龙的咬痕。不过它们的尖角之所以长这么大，也很可能是因为这些三角龙之间会互相打斗。

很多动物都会用大角来决斗，为的是控制领地或者吸引异性。有时候这些动物甚至不需要打斗，它们头上的大角就像一块告示牌，写着："别来惹我！"科学家认为三角龙的这种无比巨大的尖角和颈盾可能主要用来展示炫耀，从而让其他竞争对手知难而退。

虽然大多数三角龙化石都是单独发现的，但科学家在2005年发现了3只埋在一起的幼年三角龙。这表明三角龙在年幼时可能会组队相互照应，但长大后它们更喜欢独来独往。

三角龙的巨大颈盾看起来就像盾牌一样，但它却不太坚固。在颈盾化石上经常能发现被刺穿的裂口，甚至霸王龙的咬痕。颈盾上可能覆盖着角质，就像鸟喙的外皮一样，这个部位甚至可能像巨嘴鸟的大嘴一样鲜艳亮丽。

三角龙的牙齿令人惊奇，它们能咀嚼坚韧的植物，而且不会磨损得太快。这些牙齿的尖端像剪刀一样可以不费吹灰之力就切下叶片，牙齿的其他部位则能用来咀嚼。这些牙齿能让三角龙比其他的植食性恐龙吃到更多种类的植物。

最大的三角龙头骨化石长达2.5米，相当于一块冲浪板的长度。

三角龙档案卡

名称由来：脸上有三个角
模式种：皱褶三角龙
生存年代：白垩纪
存活于：6800万～6600万年前
食性：植食性
首次命名：1889年
成体长度：9米
成体高度：4米（腰部高度）
体重：7吨

恐龙发现地：
三角龙是北美洲西部最常挖掘到的恐龙化石之一，仅仅在蒙大拿州的地狱溪谷地层就发现了超过50具三角龙头骨化石。

头上长角的恐龙都属于角龙家族，这个家族中有超过30个不同的种类，包括三角龙、五角龙、泰坦角龙和牛角龙。每种角龙都长有不同数量的大角和棘刺，这些差异能够帮助它们辨别彼此。

有些三角龙的颈盾上有被其他三角龙的角刺穿的痕迹。

三角龙长得越大，它们的大角也会变得越长、越弯曲。

眉眼处的大角

巨大的颈盾上有超过26个小棘刺

鼻角

巨大的头骨

粗壮的四肢

蹄

短短的尾巴

伤齿龙

伤齿龙是长相凶恶的肉食性恐龙，它们还长着吓人的牙齿。但它们也有温柔的一面——科学家发现伤齿龙是很好的父母。

就像现代的鸟类和爬行动物一样，恐龙也下蛋。科学家非常好奇，恐龙到底是像鸟类一样会悉心照料自己的蛋，还是像大多数爬行动物一样，把蛋埋起来就弃之不顾。

目前已经发现大批伤齿龙的蛋，这让科学家有机会仔细观察它们的蛋壳，甚至研究里面尚未孵化的恐龙胚胎。伤齿龙类的蛋底部宽而顶部窄，就像鸟蛋一样，而这两者的蛋壳结构也非常相似。这表明伤齿龙很可能会把蛋下在沙子或泥土上，并坐在上面"孵蛋"来维持蛋巢的温度。

在化石蛋巢周围，偶尔也能发现伤齿龙的化石，但在这些化石中却没有找到雌性恐龙（包括鸟类）在下蛋时会产生的一种骨头*，所以这些恐龙很可能都是雄性的。科学家认为伤齿龙爸爸负责照料蛋巢，伤齿龙妈妈则外出狩猎，补充下蛋时所流失的营养。许多现代的鸟类和极少数的爬行动物都有类似的行为。伤齿龙和鸟类的相似性令科学家非常振奋，因为这证明了肉食性恐龙和现代鸟类之间有着紧密的连接。

*译者注：鸟类和其他恐龙下蛋时，会分解部分骨头来生产蛋壳，使骨头内部出现空洞，这种骨头被称为"髓质骨"。

伤齿龙属于兽脚类恐龙中一个叫做手盗龙类的家族。这类恐龙和现代的鸟类是最近的亲戚。

伤齿龙的蛋巢可以容纳30颗以上的蛋。它们会成对地下蛋，而不是一颗一颗地下。

大大的眼睛直视前方

3根手指

这种恐龙的名称来自它们尖锐的、带有锯齿的牙齿，这些牙齿向后弯曲，能让它们的咬击更加致命。

修长的后腿

弯曲的钩爪

按照身体的比例来看，伤齿龙的脑袋比其他恐龙都要大，因此它们可能像现代的鸟类一样聪明。

伤齿龙档案卡

名称由来：有伤害性的牙齿
模式种：美丽伤齿龙
生存年代：白垩纪晚期
存活于：7400万～6500万年前
食性：肉食性
首次命名：1856年
成体长度：2.4米
成体高度：90厘米（腰部高度）
体重：40～50千克

恐龙发现地：
伤齿龙的化石最北甚至能在美国的阿拉斯加找到。大大的眼睛让它们可以在冬季昏暗而短暂的白天狩猎，甚至也能在夜间狩猎。在阿拉斯加发现的伤齿龙牙齿很大，推测它们的体形是南方伤齿龙的2倍，因此它们肯定是非常成功的掠食者。

霸王龙

"苏""大麦克"和"斯坦"听起来似乎都不是特别吓人，但它们却是世界上最令人畏惧的恐龙的绰号。

以恐龙来说，霸王龙的脑袋很大，因此它们可能聪明到会组队来猎杀大型猎物。然而，也有些科学家认为这种恐龙的脾气太差，根本无法进行团队合作。霸王龙化石上的咬痕也证明了它们会互相打架。

霸王龙用后腿行走，壮硕的双腿和尾部肌肉能够平衡头部的重量。不过，霸王龙可能因为太重而无法奔跑。科学家推测它们的行走速度最快可达每小时16千米。桶状的大头上有许多特征显示，霸王龙能够听到很远的猎物的动静，也能够靠嗅觉追寻猎物。而可以直视前方的眼睛（就像我们一样）则能帮助它们捕捉猎物。

嘴巴越大，能吃掉的猎物就越大。霸王龙的颌部能张开超过65度，这让它们一口就能连骨带肉咬下一只狮子大小的肉块，在霸王龙的粪化石中就找到了许多骨头。霸王龙并不挑食，它们会捡拾动物尸体的腐肉来吃，也会外出猎捕下一顿晚餐。

最大、最完整的霸王龙骨骼有个绰号叫"苏"*，是根据挖掘它的古生物学家的名字取的。不过科学家至今无法确认苏是雄性还是雌性。

*译者注：2019年发现于加拿大的"史考提"取代"苏"成为最大、最完整的霸王龙化石，它的名称来自庆祝时开的一瓶苏格兰威士忌。

霸王龙的牙齿像香蕉一样大，有着尖锐的末端，还有锯子一般的边缘，咬起猎物来特别有力。

巨大而中空的头

60颗牙齿

1.5米长的头骨

壮硕的后腿肌肉

短短的手臂

2根手指

有一只恐龙幸运地逃脱了——科学家们在鸭嘴龙的尾骨里发现了一颗霸王龙的牙齿。

霸王龙档案卡

名称由来：暴君般的恐龙
模式种：霸王龙
生存年代：白垩纪
存活于：6800万~6600万年前
食性：肉食性
首次命名：1905年
成体长度：13米
成体高度：4米（腰部高度）
体重：8吨

恐龙发现地：

苏、大麦克和斯坦都发掘于地狱溪谷，它是美国一处干燥、多岩石的河谷，是世界上寻找恐龙化石的最佳地点之一。挖穿这里的岩层就像回到6600万年前的一次时空之旅，当时这里还是一片温暖潮湿、绿意盎然的区域。

词汇表

(按音序排列)

百万年前 地质年代在计算时间时常用的单位，英文缩写为"MYA"。

驰龙类 一类肉食性恐龙，用双腿走路且每只脚上有个大大的钩爪。

赤道 一条假想的线，将地球分成南北两个半球。

吹管乐器 一类靠吹气或让气流通过来发出声音的乐器。

地质学 一门研究地层和化石的科学。

鳄类 一类大型爬行动物，包括咸水鳄、短吻鳄和凯门鳄。

粪化石 石化的动物排泄物。

隔板 一片组织结构，能将身体的空间分成两半，例如鼻孔之间。

古生物学家 研究化石的科学家。

骨板 皮肤内长出的骨质板状结构，术语称为"皮内成骨"。

海啸 指地震等原因形成的巨大海浪。

化石 地壳中保存的属于古地质年代的动物或植物的遗体、遗物或生物留下的痕迹。

甲龙类 一类四足行走的装甲类恐龙。

剑龙类 一类包括剑龙在内的植食性恐龙。

胶原 一类蛋白质，是皮肤的主要成分。

角龙类 一类有角的恐龙。

角质 头发、指甲、喙及羽毛的主要成分。

科莫多巨蜥 世界上现存的蜥蜴中，体形最大的一种。

两栖动物 一类体温随外界变化的动物，包括青蛙、蟾蜍和蝾螈。

掠食者 一类会去猎食其他动物的动物。

猛禽 一类会狩猎其他鸟类或动物来吃的鸟类。

模式种 指一个生物最初被发现并发表的物种。

鸟臀类 一类骨盆形状接近鸟类的恐龙，包括剑龙、甲龙等。

爬行动物 一类皮肤上有干燥鳞片的动物，包括蛇、蜥蜴、鳄鱼和乌龟。

盘古大陆 地球上所有陆地组成的一个巨大的"超级大陆"，存在于好几亿年前。

热带 指地球上最接近赤道的区域。

肉食性 以其他动物为食。

兽脚类 一类用双腿行走、几乎都是肉食性的恐龙，和现代的鸟类有近亲关系。

松柏植物 一类会产生球果的树，通常有着针一般细的叶子，称为针叶。

苏铁 一类热带植物，外貌像棕榈树，但会产生球果。

蜥脚类　一类四足步行的大型植食性恐龙，有着很长的脖子和尾巴。

蜥脚型类　一类中型植食性恐龙，生活在三叠纪和侏罗纪早期，是蜥脚类的祖先。

蜥臀类　一类骨盆形状接近蜥蜴的恐龙。

蜥蜴　一类四条腿的外温动物，有粗糙的鳞片和一条尾巴。

小行星　围绕太阳运行的小型岩石体，在极为罕见的情况下，可能会冲向地球引发撞击。

鸭嘴龙类　一类植食性恐龙，吻部平坦像鸭子的嘴巴，因而得名。

野牛　一种毛发浓密的野生牛类，背上有类似驼峰的隆起，生活在北美洲和欧洲。

幼体　指还年轻、尚未完全长大的动物。

杂食性　以动物和植物为食。

植食性　以植物为食。

主龙类　包括恐龙祖先及其亲戚类群的爬行动物。

装甲类恐龙　一类背上有骨板的恐龙，如甲龙。

图书在版编目（CIP）数据

奇妙的时间线：回到恐龙时代 / (英) 理查德·弗
格森设计；(英) 伊莎贝尔·托马斯著；(英) 奥黛·梵
琳绘；廖俊棋译. –– 天津：天津人民出版社, 2021.1

书名原文：TERRIFIC TIMELINESDINOS–DINOSAURS：
PRESS OUT, PUT TOGETHER AND DISPLAY！

ISBN 978-7-201-17120-3

Ⅰ.①奇… Ⅱ.①理… ②伊… ③奥… ④廖… Ⅲ.
①恐龙—少儿读物 Ⅳ.①Q915.864-49

中国版本图书馆CIP数据核字(2020)第270166号

Original title: TERRIFIC TIMELINES-DINOSAURS: PRESS OUT, PUT TOGETHER AND DISPLAY！

Concept © 2018 Richard Ferguson

Illustrations © 2018 Aude Van Ryn

Translation © 2021 Ginkgo (Beijing) Book Co., Ltd

This product was produced in 2018 by Laurence King Publishing Ltd., London. This Translation is pub-
lished by arrangement with Laurence King Publishing Ltd. for sale / distribution in The Mainland (part)
of the People's Republic of China (excluding the territories of Hong Kong SAR, Macau SAR and Taiwan
Province) only and not for export therefrom.

本书中文简体版权归属于银杏树下(北京)图书有限责任公司
著作权合同登记号：图字02-2020-379号

奇妙的时间线：回到恐龙时代

QIMIAO DE SHIJIANXIAN：HUIDAO KONGLONG SHIDAI

[英] 理查德·弗格森 设计； [英] 伊莎贝尔·托马斯 著； [英] 奥黛·梵琳 绘；廖俊棋 译

出　　版	天津人民出版社	出 版 人	刘　庆
地　　址	天津市和平区西康路35号康岳大厦	邮政编码	300051
邮购电话	（022）23332469	电子信箱	reader@tjrmcbs.com
出版统筹	吴兴元	责任编辑	张　璐
特约编辑	康悦怡 陆 叶	营销推广	ONEBOOK
装帧制造	墨白空间·严静雅	印　　刷	鹤山雅图仕印刷有限公司
开　　本	889毫米×1194毫米 1/8	经　　销	新华书店经销
印　　张	6	字　　数	75千字
版次印次	2021年1月第1版 2021年1月第1次印刷	定　　价	80.00 元

读者服务：reader@hinabook.com 188-1142-1266

投稿服务：onebook@hinabook.com 133-6631-2326

直销服务：buy@hinabook.com 133-6657-3072

官方微博：@浪花朵朵童书